FORSCHUNGSBERICHTE DES LANDES NORDRHEIN-WESTFALEN

Nr. 1249

Herausgegeben
im Auftrage des Ministerpräsidenten Dr. Franz Meyers
von Staatssekretär Professor Dr. h. c. Dr. E. h. Leo Brandt

DK 621.311.153:621.365.22.015.2

Prof. Dr.-Ing. Harald Müller, Essen (Ruhr)

Dr.-Ing. Horst Krabiell, Herdecke (Ruhr)

Elektrowärme-Institut Essen e.V., Essen

Untersuchungen beim Betrieb von elektrischen Lichtbogenöfen zur Verhinderung von störenden Rückwirkungen auf das öffentliche Netz

WESTDEUTSCHER VERLAG · KÖLN UND OPLADEN 1963

ISBN 978-3-663-06507-4 ISBN 978-3-663-07420-5 (eBook)
DOI 10.1007/978-3-663-07420-5

Verlags-Nr. 011249

Gesamtherstellung: Westdeutscher Verlag

Inhalt

I. Einleitung

Die Entwicklung zur Gewinnung legierter Stähle hat im Laufe der Jahre immer mehr zur Anwendung des Lichtbogenofens geführt. Neben der Anzahl der aufgestellten Öfen ist ebenfalls das Fassungsvermögen gestiegen. In den zur Zeit im Betrieb befindlichen größten Lichtbogenöfen können 150 t Stahl in einer Charge erzeugt werden. Die zum Schmelzen notwendige Wärme wird im Lichtbogenofen elektrisch über Lichtbögen erzeugt. Die Öfen zur Stahlerzeugung werden dreiphasig gespeist, d. h. die erforderliche Wärme wird in drei Lichtbögen erzeugt. Die Lichtbögen selbst brennen zwischen dem Schmelzgut und den aus Graphit bestehenden Elektroden. Der Abstand Elektrode–Schmelzgut und damit die Lichtbogenlänge wird durch eine Regelung, z. B. elektrohydraulisch oder elektromotorisch, auf einen bestimmten Wert ständig eingeregelt.

In den hier zur Rede stehenden Lichtbogenöfen wird vorwiegend Schrott und in einigen wenigen Fällen auch flüssiges Roheisen als Schmelzgut eingesetzt. Der Ablauf eines Schmelzvorganges erfolgt über zwei Etappen. Während der Einschmelzzeit wird das Schmelzgut flüssig, und während der Etappe des Frischens und Feinens erhält der flüssige Stahl seine gewünschte metallurgische Zusammensetzung. Wird flüssiges Roheisen eingesetzt, entfällt naturgemäß die Einschmelzzeit.

Der Anschluß der Lichtbogenöfen erfolgt über Ofentransformatoren an die Stromversorgungsnetze. Im Ofentransformator wird die Hochspannung auf die gewünschte Spannung am Lichtbogenofen heruntertransformiert. Die Speisung der Lichtbogenöfen über die Stromversorgungsnetze führt während der Einschmelzzeiten zu zahlreichen Beschwerden. Vornehmlich die Lichtabnehmer führen Klage darüber, daß ihre Lampen kein gleichmäßiges Licht mehr ausstrahlen. Die Helligkeit der Lampen schwanke und mache es zum Beispiel unmöglich, zu lesen. Desgleichen könnten keine Geräte mehr einwandfrei betrieben werden, die eine konstante Spannung erfordern.

Zahlreiche Messungen in derart gestörten Stromversorgungsnetzen ergaben, daß ein Lichtbogenofen – solange das eingesetzte Schmelzgut noch nicht flüssig ist – Schwankungen der Spannung hervorruft. Die Abweichungen der Spannung von ihrem Nennwert betrugen durchschnittlich 2% bis hinunter zu 0,1% der Nennspannung und erfolgten unregelmäßig ein- bis zehnmal je Sekunde. Am empfindlichsten wurden die Lichtabnehmer betroffen. W. E. Schwabe [1] berichtet daher über Versuche, die die Empfindlichkeit des menschlichen Auges gegenüber den Helligkeitsschwankungen normaler Glühlampen bei den vorliegenden Spannungsschwankungen untersuchen. Danach werden die Schwankungen der Helligkeit der Glühlampen als Folge der Schwankung der angelegten Spannung von vier bis acht Schwankungen je Sekunde bei 0,35% Abweichung der Spannung von ihrem Nennwert vom menschlichen Auge schon bemerkt und bei 0,5% Abweichung als störend empfunden (Abb. 1). Entsprechend den Bedingungen, unter denen die Versuche durchgeführt werden, geringe Personenzahl, Nichtbeachtung der Ermüdungserscheinungen der Augen und Gestaltung des Versuchsraumes bezüglich der Lichtreflexion, können diese Werte nur als Richtwerte gelten. Jedoch ergeben diese Zusammenhänge, daß ein Lichtbogenofen nicht ohne weiteres an jedes beliebige Stromversorgungsnetz angeschlossen werden darf, ohne daß andere Abnehmer gestört werden.

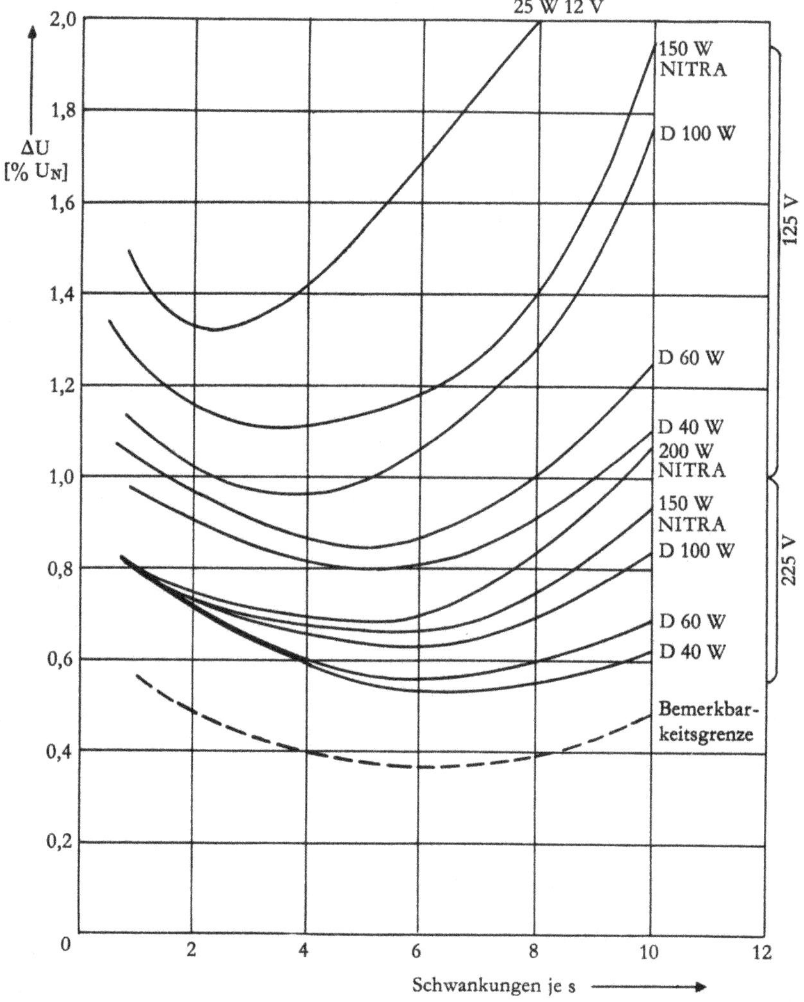

Abb. 1 Stör- und Bemerkbarkeitsgrenzen bei Spannungsänderungen an Glühlampen in Abhängigkeit von den Schwankungen je s
(Nach W. E. SCHWABE [1,17])

Die Spannungsschwankungen in den Stromversorgungsnetzen als Folge eines Lichtbogenofenbetriebes sind vom Lichtbogenstrom an den Leitungsimpedanzen hervorgerufene Spannungsabfälle. Die Lichtbogenstromstärke, übertragen mit dem Übersetzungsverhältnis des Ofentransformators auf die Hochspannungsseite, schwankt mit der angegebenen Häufigkeit um einen konstanten Wert (Abb. 2). Diese Stromänderungen sind damit die sekundäre Ursache der Spannungsschwankungen. Die primäre Ursache liegt in der Entstehung der Stromschwankungen.

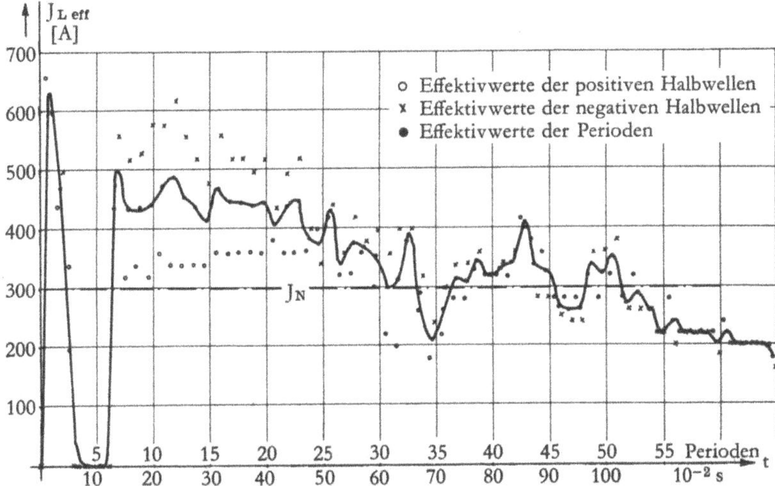

Abb. 2 Verlauf des für jeweils eine Periode ermittelten Effektivwertes des Lichtbogenstromes J_{Leff} der Phase S über 65 Perioden während der Einschmelzzeit

Über die Art, die Entstehung und über Maßnahmen zur Dämpfung der Netzrückwirkungen sind zahlreiche Veröffentlichungen erschienen. Diese Arbeiten befassen sich vorwiegend mit der Art der Schwankungen. An Hand von elektrischen Messungen werden Größe, Häufigkeit und ihr Verlauf festgestellt und eindeutige Aussagen darüber gemacht.

Die Kenntnis über die Entstehung oder die Ursache der beschriebenen Schwankungen beschränkt sich auf Beobachtungen des Lichtbogens, Folgerungen aus Zusammenhängen wie Art und Größe des Schrottes, Chargenzeit, verbrauchte elektrische Energie, Netzverhältnisse und die am Lichtbogenofen gemessenen und oszillographierten elektrischen Größen. Hieraus hat man sich ein gewisses Bild über die Vorgänge im Lichtbogenofen bezüglich der Netzrückwirkungen verschafft. Direkte Nachweise über die Entstehungsursache sind noch nicht erbracht worden. Den Anforderungen der Praxis folgend, befassen sich mehrere Arbeiten damit, die Netzrückwirkungen der Lichtbogenöfen durch geeignete Maßnahmen auf der Ofen- und Netzseite zu dämpfen.

E. Gebbert [2], P. Hauck [3], F. Walter [4], K. Schulz [5], [6] W. E. Schwabe [7], [8] sind übereinstimmend zu dem Ergebnis gekommen, daß die Stromschwankungen, die während der Einschmelzzeit auftreten, im wesentlichen eine Überlagerung zweier Typen von Stromstößen sind.

Die erste Art tritt mit einer Häufigkeit von 0,5- bis einmal je Sekunde und vorwiegend in den ersten 15–30 Minuten einer Charge auf. Um einen Lichtbogen zu zünden, stellt man zwischen Elektrode und Schrott einen Kontakt her. Der zu diesem Zeitpunkt fließende Kurzschlußstrom ist durchschnittlich 1,5- bis dreimal so groß wie der Betriebsstrom des Ofens. Solange der Schrotteinsatz noch »kalt« ist, stellt sich dieser Betriebszustand wiederholt ein. Ferner kann durch zufälligen Kontakt eines Schrottstückes mit der Elektrode, z. B. durch Nachrutschen eines Schrottstückes, der Kurzschlußstrom oder ein Teilkurzschlußstrom auftreten. Diesen – in bezug auf ihre Entstehung erklärbaren – Stromstößen überlagern sich während des Ofenbetriebes Stromänderungen, die mit einer Häufigkeit von zwei- bis zehnmal je Sekunde auftreten. Die Stromstärke ändert dabei ihre Größe zwischen $\pm$ 15 und $\pm$ 50% ihres Nennwertes.

Diese Stromschwankungen scheinen keiner eindeutigen Gesetzmäßigkeit zu unterliegen, da sie sich sowohl in ihrer Amplitude als auch Häufigkeit dauernd ändern. Sie erzeugen an den Impedanzen des Netzes die Schwankungen der Spannung, die zu dem erwähnten Lichtflimmern führen. Das Auftreten der jetzt beschriebenen Stromänderungen wird im Schrifttum durch zahlreiche Vermutungen begründet. K. Schulz [6] und W. E. Schwabe [8] fassen diese wie folgt zusammen. Der Lichtbogen ist instationär. Sein Fußpunkt auf der Elektrode liegt nicht fest. Er springt von Schrottstück zu Schrottstück. Die Gründe für diese Eigenbewegung des Lichtbogens sind nach Auffassung der Berichter Thermoionisation und magnetische Kraftwirkungen. Auch Lichtbogen-Rückzündungen und Lichtbogen-Gleichrichterwirkung werden verantwortlich gemacht. Bei flüssigem Schmelzgut werden Veränderungen der Lichtbogenlänge auf Badbewegungen zurückgeführt. Die dabei auftretenden Stromänderungen sind allerdings so gering, daß sie nur ganz selten zu Störungen führen.

In verschiedenen Veröffentlichungen wird über Maßnahmen zur Dämpfung der Störungen berichtet. Rojahn [9] und F. Schweiger [10] bestimmen die Netzrückwirkungen rechnerisch. H. Henkes [11] und besonders ausführlich C. Concordia, I. G. Levay und C. H. Thonas [12] berichten über die Stabilisierung der Spannung beim Betrieb von Lichtbogenöfen mit Kondensatoren. Weiter hat eine amerikanische Arbeitsgemeinschaft [13] eine Vielzahl von Anlagen durchgemessen und aus diesen stark streuenden Erfahrungswerten versucht, Angaben zu machen über das Verhalten der Netzkurzschlußleistung zur Leistung der Ofentransformatoren für ein störungsfreies Stromversorgungsnetz (Abb. 3).

Alle bisherigen Erfahrungen und Kenntnisse um die Netzrückwirkungen schließen nicht die Lücke, die ihre Entstehungsursache umgibt. Es erscheint daher lohnenswert, zunächst einen genaueren Einblick in die Entstehungsursache zu bekommen und dann auf Grund dieser Ergebnisse Maßnahmen zur Verhinderung der störenden Rückwirkungen zu ergreifen.

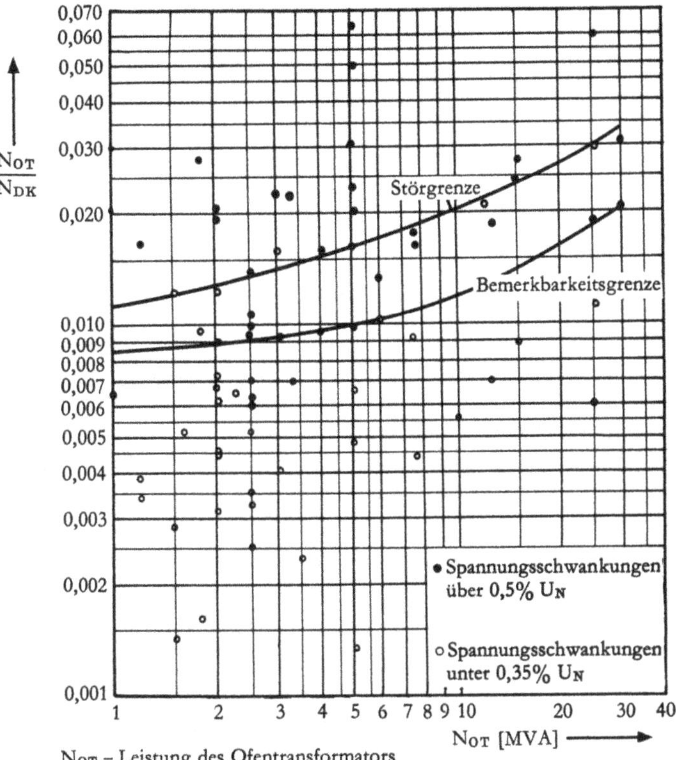

Abb. 3 Abhängigkeit des Verhältnisses der Ofentransformator- zur Netzkurzschlußleitung bei den verschiedenen Größen der Ofentransformatoren für das Auftreten der Stör- und Bemerkbarkeitsgrenzen der Spannungsschwankungen [13]

II. Entstehung der Spannungsschwankungen

1. Versuchsaufbau und Durchführung

Eine umfangreiche Arbeit des Elektrowärme-Institutes [14] befaßt sich mit der Entstehung der Spannungsschwankungen in Stromversorgungsnetzen beim Betrieb von Drehstromlichtbogenöfen. Für die Ausführung der notwendigen Versuche steht ein Modell-Lichtbogenofen zur Verfügung. Die Anschlußleistung des Transformators beträgt 50 kVA, und der Kessel faßt maximal 75 kg flüssiges Metall. Die Regelung arbeitet nach elektrohydraulischem Prinzip. Die in mehreren anderen Versuchsreihen gemessenen elektrischen Werte des Ofens stimmen mit den in der Praxis des Lichtbogenofens bekannten überein. Der Modellichtbogenofen arbeitet somit unter gleichen Bedingungen, von der elektrischen Seite aus gesehen, wie ein 5-, 20- oder 75-t-Ofen. Nur sind alle Größenordnungen entsprechend kleiner.

Der Ofen enthält drei im Dreieck angeordnete Elektroden. Zur Erfassung des Lichtbogenverhaltens genügt es, den Lichtbogen einer Phase zu filmen und in der gleichen Phase zu oszillographieren. Die richtige Bildperspektive ergibt sich, wenn die Objektivachse der Kamera in der Ebene des Lichtbogens liegt. Aus diesem Grunde muß durch eine seitliche Öffnung der Kesselwand gefilmt werden. Der Ofenaufbau bietet die besten Möglichkeiten bei der Elektrode der Phase S, so daß kein Lichtbogen einer anderen Phase mitgefilmt wird. Zum Schutz der Kamera gegen spritzende, glühende Teilchen ist es notwendig, in der Öffnung der Kesselwand ein 1 m langes Rohr einzusetzen, in dessen anderes Ende das Kameraobjektiv eingeführt wird. Der eingesetzte Schrott ist meistens stark verunreinigt, so daß die Atmosphäre im Ofenkessel stark mit Rauchgasen angefüllt und undurchsichtig ist. Diese Rauchgase werden von einem Ventilator nach oben hin abgezogen. Das seitlich angebrachte Rohr hat eine gewisse Kaminwirkung, so daß ein Teil der Rauchgase hierdurch in Richtung Kamera abzuziehen versucht. Zur Vermeidung wird das Ende des Rohres in der Kesselwand mit einer Art Luftfilter versehen. Über einen Stutzen wird Preßluft in den Raum zwischen dem inneren und äußeren Rohr eingeblasen, wo sie dann am Ende durch die konusförmige Ausbildung des äußeren Rohrendes abgelenkt wird und durch einen verstellbaren Spalt austritt. Der Luftstrom darf dabei nur 0,2–0,3 Atmosphären Überdruck haben, damit keine Blaswirkung auf den Lichtbogen entsteht.

Für die Filmaufnahmen steht eine amerikanische Spezialkamera zur Verfügung. Es handelt sich um eine Schnellablaufkamera, mit der bis zu 2000 Bilder je Sekunde gemacht werden können. Eine Aufhellung mit einem Blitzlichtgerät ist nicht notwendig, da auch bei dieser Filmgeschwindigkeit die Helligkeit des Lichtbogens zur Belichtung ausreicht. Der Lichtbogenstrom, die Elektrodenspannung und die

Spannung auf der Seite des speisenden Netzes werden mit einem Vier-Schleifen-Oszillographen oszillographiert. Entsprechend dem Sinn der Versuche müssen beide Geräte synchronisiert werden. Zur Auswertung geben dann die Kurvenform des Lichtbogenstromes und damit ja auch seine Größe und die tatsächlichen zu einem bestimmten Kurvenstück gehörigen Bilder über das Lichtbogenverhalten Auskunft. Die Abb. 4 zeigt das Schaltbild zur Synchronisation beider Geräte. Die Filmkamera benötigt etwa 1,5 Sekunden, bis sie die vorgeschriebene Drehzahl erreicht hat. Der Filmstreifen läuft von Anfang an mit. Ein Verzögerungsrelais schaltet nach dieser Zeit den Schleifenoszillographen zu. Nach weiteren 30 ms ist der Oszillograph angelaufen, und ein zweites um diese Zeit verzögertes Relais schaltet eine 50-Hz-Wechselspannung auf eine Glimmlampe in der Filmkamera und gleichzeitig auf eine freie Meßschleife des Oszillographen. Die Glimmlampe belichtet den Filmstreifen am Rande. Im Spannungsnulldurchgang ist diese Belichtung unterbrochen. Die gleiche Spannung wird auf dem Oszillographen aufgezeichnet. Da sie erst zugeschaltet wird, wenn beide Geräte volle Drehzahl erreicht haben, ist auf Film und Oszillogramm der Einsatz zu erkennen. Von diesem Augenblick an ist durch die Spannungsnulldurchgänge eine gemeinsame Zeitmarke gegeben, wodurch Bilder und Kurvenformen synchronisiert sind.

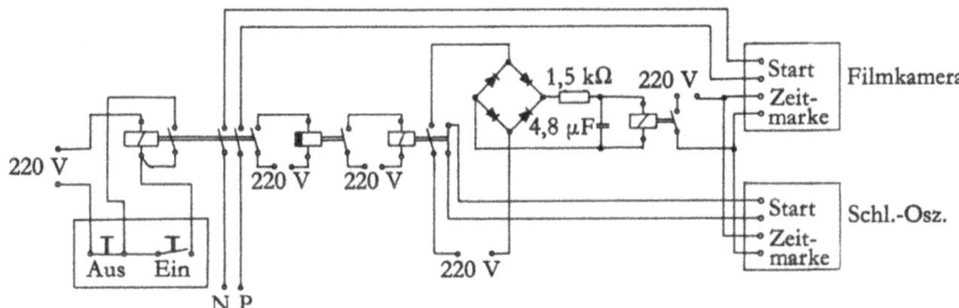

Abb. 4 Schaltbild der Synchronisierung der Filmkamera mit einem Schleifenoszillographen

Als Papierablaufgeschwindigkeit im Oszillographen werden 3,3 m je Sekunde gewählt, so daß jede Strom- oder Spannungsperiode über 6,6 cm aufgezeichnet wird. Dazu wird eine Filmgeschwindigkeit von 1000 Bilder je Sekunde eingestellt. Auf jede Periode entfallen dann 20 Bilder. Jeder Filmaufnahme entsprechen 3,3 mm Oszillogrammlänge. Die Auffangkassette für die Oszillogramme kann bis zu 5 m lange Streifen fassen. In einem Versuch können demzufolge 1,5 Sekunden zusammenhängend gefilmt und oszillographiert werden. Dies ist für die Auswertung hinreichend.

Zur Durchführung eines jeden Versuches wird neuer Schrott eingesetzt, da das Lichtbogenverhalten während der Aufschmelzzeit aufgenommen werden soll. Nach Einschalten des Ofens wird durch ein Beobachtungsloch der Lichtbogen der betreffenden Phase beobachtet, und im günstigsten Augenblick werden Filmkamera und Schleifenoszillograph ausgelöst.

Um die Objektivachse der Filmkamera und den Lichtbogen möglichst in einer Ebene zu halten für die richtige Perspektive, muß man den Lichtbogenofen mit kernigem und nicht zu sperrigem Schrott beschicken. Dadurch wird verhindert, daß größere Hohlräume zwischen den einzelnen Schrottstücken entstehen und sich schnell die erwähnten Krater bilden. Wäre dies der Fall, würde sich die Elektrode schnell in den Schrott »bohren« und der Lichtbogen für die Kamera nicht mehr eindeutig sichtbar bleiben. Diese Bedingung bezüglich des Schrottes hat zur Folge, daß der Lichtbogen bei seinem Springen von Schrottstück zu Schrottstück nicht so große Abstände zu überwinden hat. Die Charakteristik der Stromstärkeschwankungen wird dadurch nicht beeinflußt. Lediglich die Größe, mit der sie auftreten, wird prozentual etwas kleiner sein gegenüber den normalen und die Häufigkeit etwas größer. Dieser Effekt muß in Kauf genommen werden.

2. Versuchsergebnisse

Aus dem Verhalten des Lichtbogens zwischen der Elektrode und dem Schrott und der gleichzeitigen Veränderung seiner elektrischen Größen ergeben sich für die Einschmelzzeit drei Vorgänge als Ursache für die Entstehung der Stromstärkeschwankungen und damit für die Spannungsschwankungen.
Zum ersten Vorgang wird, ausgehend von der Theorie des Lichtbogens, der Einfluß einer unterschiedlichen Ionisation der Lichtbogenzone aufgezeichnet. Es ergibt sich, daß die Lichtbogenstromstärke sich von Halbwelle zu Halbwelle plötzlich ändert, ohne daß eine Veränderung der Lichtbogenlänge auf den zugehörigen Aufnahmen zu erkennen ist (Abb. 5). Der Stromtransport im Lichtbogen erfolgt durch Elektronen und Ionen, die durch thermische Ionisation erzeugt werden. Die Konzentration dieser Stromträger in der Lichtbogensäule ist Veränderungen unterworfen. Der in den Ofen eingesetzte Schrott besteht aus Stücken der verschiedensten metallurgischen Zusammensetzungen. Der Lichtbogen brennt auf einem zufällig unter der Graphitelektrode liegenden Schrottstück. Unter dem Einfluß der hohen Temperaturen des Fußpunktes beginnt dieses Stück flüssig zu werden und teilweise zu verdampfen. Die einzelnen Bestandteile des Schrottstückes haben verschiedene Schmelz- und Siedepunkte, so daß je nach der anliegenden Temperatur der eine oder andere Stoff verdampft. Durch die starke örtliche Überhitzung kann diese Verdampfung eines Zusatzes im Stahl explosionsartig erfolgen. Die aufsteigenden Dämpfe werden durch die hohe Temperatur der Lichtbogensäule ionisiert und erhöhen damit die Trägerkonzentration im Lichtbogen, der jetzt einen höheren Strom führen kann.
Dieser Einfluß der Schrottzusammensetzung auf die Ionisationsbedingungen für den Lichtbogen wirkt sich besonders zu Anfang einer Charge aus und wird mit steigender Temperatur des Schmelzgutes geringer.
Als zweiter Vorgang ist den Filmaufnahmen zu entnehmen, daß der Lichtbogen nach unterschiedlichen Zeitabständen von einem Schrottstück zum anderen wandert. Er brannte dabei stets auf hervorstehenden Spitzen oder Kanten. Die Licht-

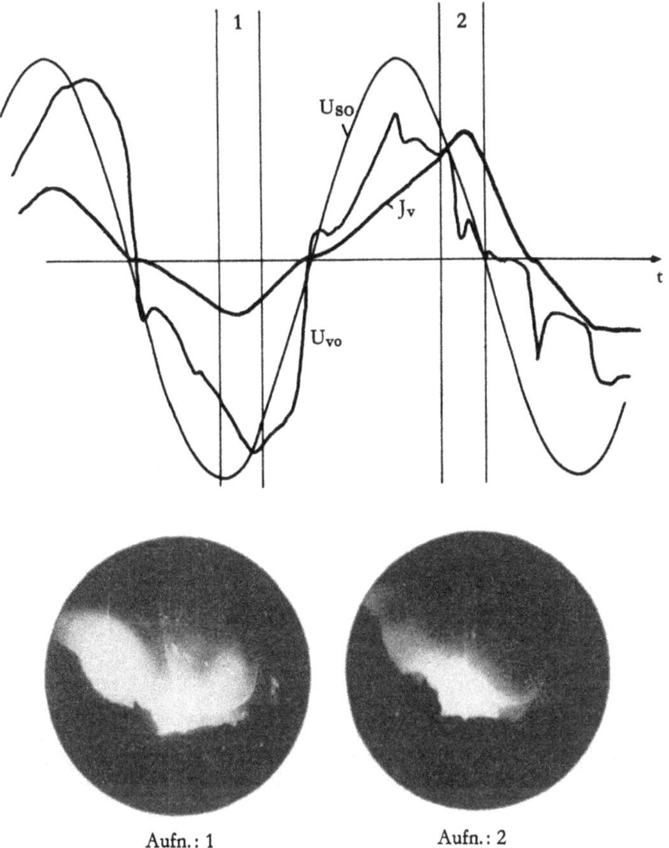

Abb. 5 Oszillographische Aufnahme des Lichtbogenstromes I_v und der Spannung einer Phase auf der Primär- und Sekundärseite des Ofentransformators, U_{so} und U_{vo}, und das dazugehörige gefilmte Lichtbogenverhalten während des Strommaximums zweier Halbwellen
(Zone 1 und 2)

bogenstromstärke auf dem synchronisierten Oszillogramm änderte sich immer dann, wenn der Lichtbogen auf ein anderes Schrottstück wanderte.
Wurde die Lichtbogenlänge kleiner, wuchs der Strom und umgekehrt. Durch Auszählen der Zeitmarke auf den Filmstreifen ergab sich, daß die Sprünge des Lichtbogens von einem Schrottstück zum anderen mit Abständen von 5 bis maximal 20 Perioden, d. h. $^1/_{10}$–$^4/_{10}$ Sekunden erfolgte. Ein Springen des Lichtbogens erfolgte immer dann, wenn eine Spitze oder Kante unter dem Einfluß der hohen Temperatur des Lichtbogens abgerundet war. Einen solchen Vorgang geben die Abb. 6 und 7 wieder. Die Aufnahme 1 der Abb. 6 führt die Schrottverhältnisse vor Augen. Rechts liegen unterhalb der Elektrode nebeneinander zwei kleine Stücke, während auf der linken Seite die Umrisse größerer Stücke zu

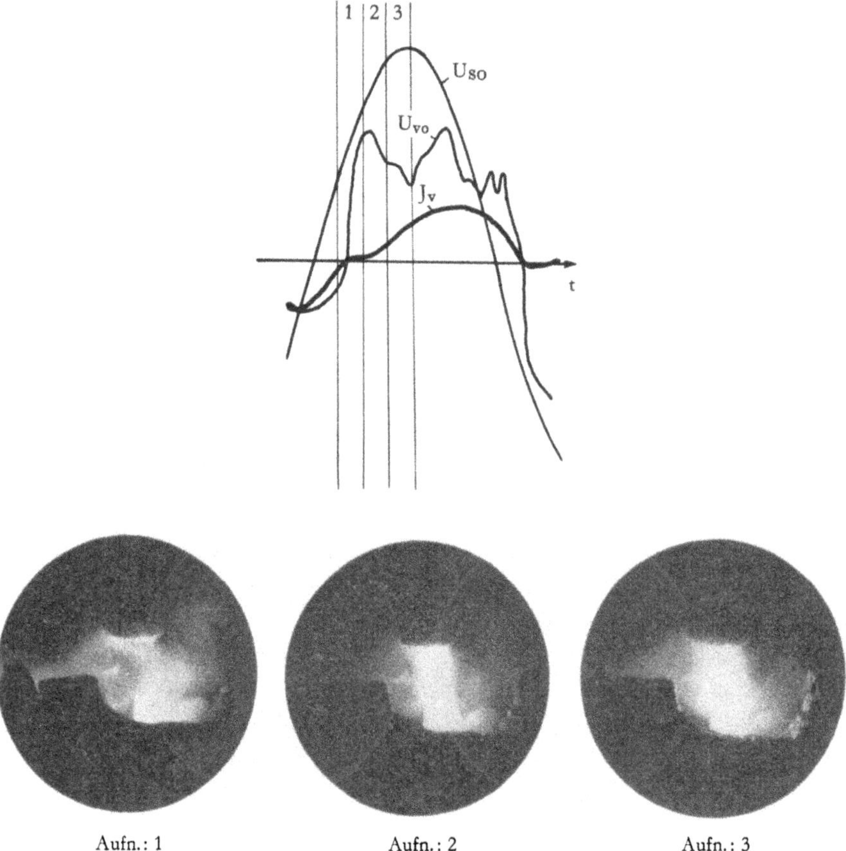

Abb. 6 Oszillographische Aufnahme des Lichtbogenstromes I_V und der Spannung einer Phase auf der Primär- und Sekundärseite des Ofentransformators, U_{so} und U_{vo}, und das dazugehörige gefilmte Lichtbogenverhalten auf der Spitze eines Schrottstückes nach dem Stromwellendurchgang durch die Abszissenachse
(Zone 1 bis 3)

erkennen sind, die vom Betrachter aus vor der Elektrode liegen. Unter dem Einfluß der ansteigenden Bogenspannung U_{vo} zündet der Lichtbogen und brennt gegen das linke der beiden kleinen Schrottstücke. Die Stromstärke erreicht dabei einen Wert von 420 A, die sich so lange hält, wie der Bogen in dieser Stellung verharrt. Die Aufnahme 1 der Abb. 7 läßt erkennen, daß die Spitze dieses Stückes abgerundet ist. Nach neun Perioden oder $^{18}/_{100}$ Sekunde sprang der Lichtbogen dann auf die Kante eines in der Abbildung links liegenden Schrottstückes. Der Lichtbogen ist jetzt etwas länger geworden und führt 320 A. Er brennt dabei nicht über den kürzesten Elektrodenabstand, der, wie die Aufnahmen zeigen,

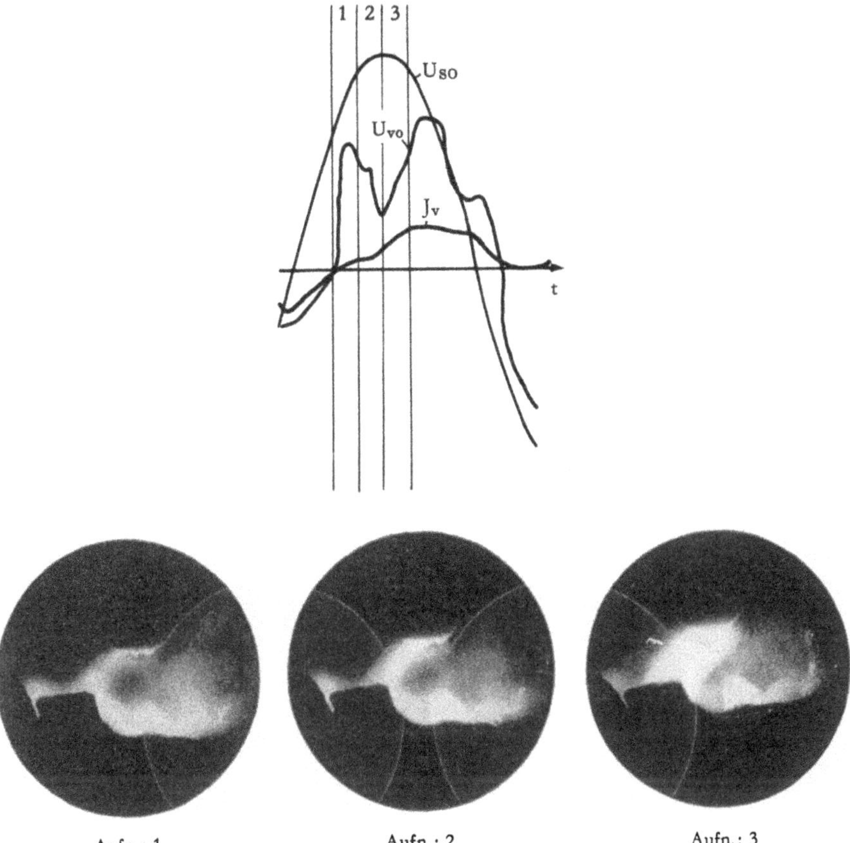

Abb. 7 Oszillographische Aufnahme des Lichtbogenstromes I_V und der Spannung einer Phase auf der Primär- und Sekundärseite des Ofentransformators, U_{so} und U_{vo}, und das dazugehörige gefilmte Lichtbogenverhalten auf der Spitze eines Schrottstückes nach dem Stromwellendurchgang durch die Abszissenachse
(Zone 1 bis 3)

offensichtlich zwischen der Graphitelektrode und einem der kleinen Schrottstücke besteht.

Dieser dargestellte Einfluß des Schrottes auf die Brennbedingungen für den Lichtbogen ist, seiner Natur entsprechend, ein wesentlicher Grund für die schwankende Stromaufnahme eines Lichtbogenofens. Die durch ihn hervorgerufenen Stromänderungen fallen in die Größenordnungen und Häufigkeiten der Stromschwankungen, die das Lichtflimmern zur Folge haben.

Den Filmaufnahmen ist als dritter Vorgang zu entnehmen, daß von Zeit zu Zeit der Lichtbogen eine schleifenartige Bewegung ausführte und dabei länger wurde

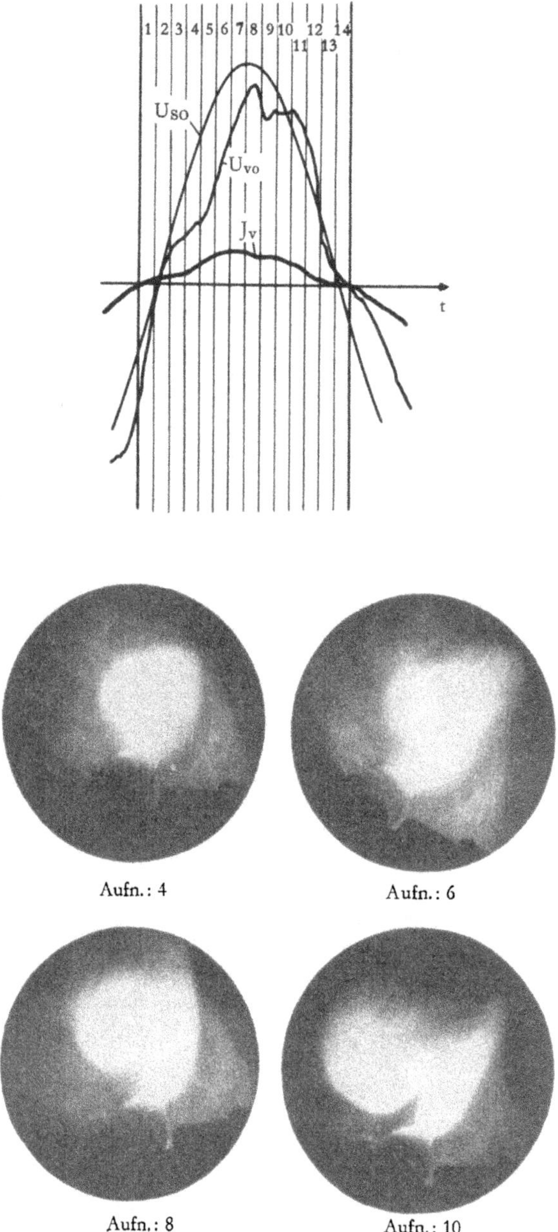

Abb. 8 Oszillographische Aufnahme des Lichtbogenstromes I_V und der Spannung einer Phase auf der Primär- und Sekundärseite des Ofentransformators, U_{so} und U_{Vo}, mit dem dazugehörigen gefilmten Lichtbogenverhalten in den Halbwellenabschnitten 4, 6, 8 und 10

(Abb. 8). Die Stromaufnahme wurde während dieser Augenblicke kleiner. Der Grund hierfür ist eine Auslenkung infolge eines verstärkten Magnetfeldes einer benachbarten Phase. Im normalen Betriebszustand reicht die Kraft der Magnetfelder, die infolge der in den drei Phasen fließenden Ströme auftreten, nicht aus, die Lichtbögen auszulenken. Ist eine Phase gestört, so daß sie einen erhöhten Strom führt, vermag das sie umgebende, entsprechend der höheren Stromstärke verstärkte Magnetfeld den Lichtbogen einer benachbarten Phase auszulenken.
Eine Phase führt z. B. dann einen erhöhten Strom, wenn ein Schrottstück gegen die Elektrode rutscht. Die Stromstärke kann dann bis zum Kurzschlußwert ansteigen, je nach der Berührung zwischen Elektrode und Schrottstück. Ferner führt sie einen erhöhten Strom im Kurzschluß selbst, um einen neuen Lichtbogen zu zünden. Dieser Betriebszustand dauert so lange an, bis das Schrottstück an der entsprechenden Elektrode etwas abgebrannt ist, oder die Regelung die Elektrode anhebt.
Alle drei aufgezeichneten Einflüsse überlagern sich willkürlich und führen zu den Schwankungen der Stromstärke, die nach ihrer Form, Größe und Häufigkeit nicht fest zu definieren sind. Alle nachgewiesenen Einflüsse werden in dem Maße schwächer, wie der Schrott eingeschmolzen wird. Sie treten nur während der Einschmelzzeit auf.

III. Versuche zur Dämpfung der Netzrückwirkungen

1. Maßnahmen auf der Lichtbogenofenseite

Die Netzrückwirkungen eines Lichtbogenofens sind eine Folge des Lichtbogenverhaltens unter den vorhandenen Bedingungen. Aus diesem Grunde liegt es nahe, zunächst auf der Seite des Lichtbogenofens Maßnahmen zur Stabilisierung des Lichtbogens zu ergreifen. Aus den aufgeführten Entstehungsursachen folgt, daß zur Beseitigung der Spitzenwirkung kleiner Schrott nicht so große Lichtbogensprünge zur Folge hat wie großer Schrott. Andererseits werden die Schwankungen der Stromstärke größer, wenn der Lichtbogen bei seinen Sprüngen von Kante zu Kante bei sperrigem Schrott größere Abstände zu überwinden hat. Der beste Einsatz ist demnach kleiner, kerniger Schrott. Zur Herabsetzung der unterschiedlichen Ionisationsbedingungen ist eine Vorwahl des Schrottes bezüglich seiner metallurgischen Zusammensetzung von Vorteil. Diese abgeleiteten Bedingungen für den Schrott decken sich mit den in der Praxis gemachten Erfahrungen. Eine vollständige Lichtbogenberuhigung ist hierdurch auch nicht zu erreichen, da Kanten und Spitzen immer vorhanden sind. Die Störungen werden lediglich auf ein erträgliches Maß herabgesetzt. Durch Zusätze in den Graphitelektroden kann – wie Har. Müller [15] darstellt – eine Verbesserung der Ionisation herbeigeführt werden. Wie weit dadurch jedoch in einem Stahllichtbogenofen der Einfluß der Schrottstücke gedämpft werden kann, darüber liegen noch keine Erfahrungen vor, da noch kein Lichtbogenofen zum Stahlschmelzen mit Dochtelektroden ausgerüstet wurde.

W. E. Schwabe [8] erhofft sich durch die Anwendung von Hohlelektroden unter anderem eine Stabilisierung des Lichtbogens auch während der Einschmelzzeit. Aus der Bohrung der Elektrode soll der Lichtbogen herausbrennen und dadurch stabiler werden. Die Filmaufnahmen des Lichtbogens während der Einschmelzzeit ließen jedoch diese Ansicht fraglich erscheinen. Zur Klärung der Frage wurde der Modellichtbogenofen mit Hohlelektroden ausgerüstet.

Während der Einschmelzzeit wurde das Lichtbogenverhalten zwischen Elektrode und Schmelzgut photographiert. Die Auswertung der zahlreichen Aufnahmen ergab, daß der Lichtbogen wie bei den Vollelektroden willkürlich zwischen Elektrode und Schrott brennt. Eine feste oder bevorzugte Stellung des Lichtbogens ist nicht zu erkennen. Er brennt beliebig zu allen Seiten der Graphitelektrode. Erst wenn das Schmelzgut beginnt, flüssig zu werden, ist die Tendenz des Lichtbogens, aus der Bohrung der Hohlelektrode heraus zu brennen, erkennbar.

Der Lichtbogen ist während der Einschmelzzeit genau so instabil wie beim Betrieb des Lichtbogenofens mit Vollelektroden. Die Form des Elektrodenabbrandes bei Hohlelektroden während der Einschmelzzeit bestätigt diese Erkenntnis.

Es ist keine bevorzugte Abbrandrichtung zu erkennen. Der Fußpunkt des Lichtbogens ist auf der Elektrode herumgewandert. Die auftretenden Strom- und Spannungsschwankungen bleiben demzufolge unverändert. Die in die Hohlelektrode gesteckte Erwartung erfüllt sich erst, wenn das Schmelzgut fast flüssig ist. Jetzt brennt der Lichtbogen aus der trichterförmig ausgebrannten Bohrung der Elektrode heraus.
Über Versuche des Verfassers, mit vormagnetisierten Drosseln die Stromschwankungen vom Versorgungsnetz fernzuhalten, wurde in einem Bericht zum IV. Internationalen Elektrowärmekongreß, Stresa 1959 [16], berichtet. Mit Hilfe von stromsteuernden Drosseln sollten die Stromschwankungen, die den Nennwert überschreiten, begrenzt werden. Diese Maßnahme führte zu einem Teilerfolg. Lediglich die längeren Überschreitungen des Nennwertes konnten gedämpft werden. Die Anwendung solcher Drosseln in der Praxis setzt außerdem die Wirtschaftlichkeit eines Lichtbogenofens stark herab. Die Herstellungskosten solcher Drosseln für die Lichtbogenofenleistung sowohl bei Anwendung auf der Hoch- als auch Niederspannungsseite der Ofenanlage sind sehr hoch.

2. Einfluß des Verhältnisses der Netzkurzschlußleistungen zu den Anschlußleistungen der Ofentransformatoren

Bleiben Maßnahmen auf der Seite des Lichtbogenofens zur Dämpfung der Netzrückwirkungen erfolglos, oder sind sie aus betrieblichen Gründen nicht durchführbar, so geht man dazu über, die betreffenden Lichtbogenöfen über eigene Hochspannungsleitungen von 60 oder 110 kV an die Stromversorgungsnetze anzuschließen. Der Anschluß erfolgt dadurch an Stellen des Netzes mit höheren Kurzschlußleistungen. In einem Bericht einer amerikanischen Untersuchungskommission [13] ist das Ergebnis langwieriger Messungen an einer Reihe in Betrieb befindlicher Lichtbogenöfen zusammengestellt worden. Ziel dieser Arbeit war, das Verhältnis der Netzkurzschlußleistungen zu den Anschlußleistungen der Ofentransformatoren zu finden, bei dem die Spannungsschwankungen so klein sind, daß sie nicht mehr als störend empfunden werden. Eine kritische Betrachtung des an anderer Stelle gefundenen Ergebnisses (Abb. 3 nach [13]) führt die starke Streuung der Messungen vor Augen, nach denen die beiden Kurven gezeichnet wurden. Die Streuung ist so groß, daß es schwierig ist, eine Berechtigung für die eingezeichneten Verläufe der Stör- und Bemerkbarkeitsgrenzen daraus abzuleiten. Es ist daher vielleicht sinnvoller, die gleichen Verhältnisse rechnerisch zu ermitteln.
Der Berechnung werden einige Erfahrungen aus der Praxis des Lichtbogenofens zugrunde gelegt. In der Literatur wird am häufigsten die Abweichung der Stromstärke bei sechs bis acht Schwankungen je Sekunde mit 30% seines Nennwertes angegeben. Die Angabe deckt sich mit den aus eigenen Versuchen ermittelten Werten. Die unterschiedliche Helligkeit der Glühlampen soll nach Messung von anderer Seite [17] bei Abweichungen der Spannung von 0,5% der Nennspannung

und einer Häufigkeit von ebenfalls sechs- bis achtmal je Sekunde vom menschlichen Auge als störend empfunden werden.
Die Dauerkurzschlußleistung N_{DK} eines Netzes an der Anschlußstelle eines Lichtbogenofens ist:

$$N_{DK} = \frac{U_N^2}{Z} \tag{1}$$

worin U_N die Nennspannung und Z die Netzimpedanz an der Anschlußstelle sind.
30% der Nennstromstärke des Lichtbogenofens J_N sollen an der Netzimpedanz höchstens einen Spannungsabfall von 0,5% der Nennspannung erzeugen:

$$Z = \frac{0{,}5\ U_N}{30\ J_N} \tag{2}$$

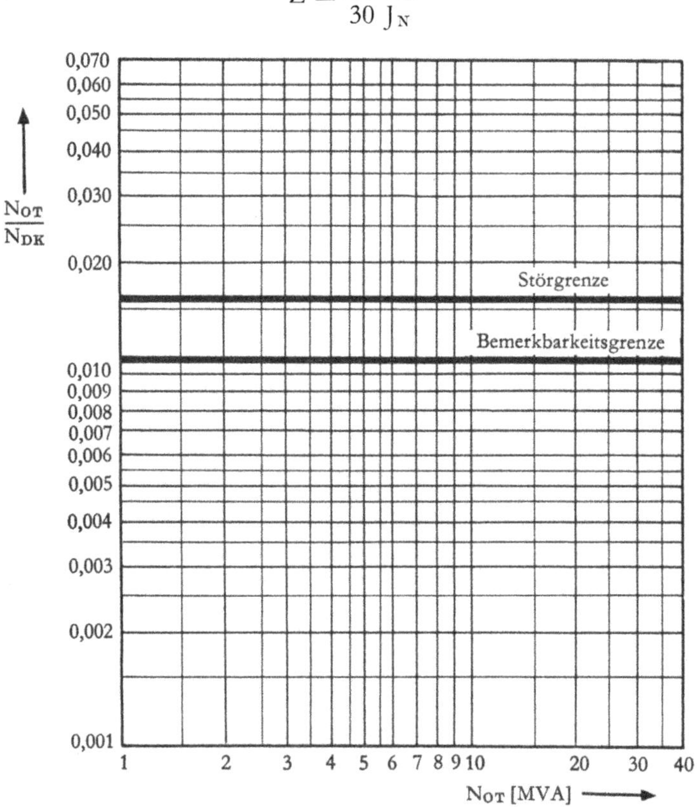

Abb. 9 Berechnete Abhängigkeit des Verhältnisses der Ofentransformator- zur Netzkurzschlußleistung bei den verschiedenen Größen der Ofentransformatoren für das Auftreten der Stör- und Bemerkbarkeitsgrenzen der Spannungsschwankungen

Eingesetzt in Gl. (1) ergibt sich damit das notwendige Verhältnis der Netzdauerkurzschlußleistung N_{DK} zur Anschlußleistung N_{OT} des Ofentransformators:

$$N_{DK} = \frac{U_N^2\, 30\, J_N}{0{,}5\, U_N} = 60\, N_{OT} \tag{3}$$

Demnach muß die Dauerkurzschlußleistung N_{DK} des Netzes an der Anschlußstelle 60mal so groß sein wie die Leistung des Ofentransformators. Sollen die Spannungsschwankungen 0,35% der Nennspannung nicht überschreiten, d. h. sie sollen unterhalb der Bemerkbarkeitsgrenze liegen, so ergibt sich das Verhältnis zu:

$$N_{DK} = 85\, N_{OT} \tag{4}$$

Nach der Rechnung ergibt sich für alle Anschlußleistungen der Ofentransformatoren ein konstantes Verhältnis zur Netzkurzschlußleistung an der Anschlußstelle. Unter Beibehaltung der Koordinaten der Abb. 3 werden in Abb. 9 die berechneten Stör- und Bemerkbarkeitsgrenzen eingezeichnet.
Ein Vergleich beider Bilder zeigt, daß man nach den Meßwerten in Abb. 3 mit guter Berechtigung die errechneten Grenzen zeichnen kann. Die berechnete Bemerkbarkeitsgrenze der Störungen würde die entsprechenden Meßwerte der Abb. 3 gut abgrenzen. Die eingezeichneten Kurven sollen nämlich nicht Mittelwerte der Meßpunkte darstellen, sondern Grenzen. Ebenso paßt sich die errechnete Störgrenze gut den Meßwerten der Abb. 3 an.

Zusammenfassung

Beim Anschluß an ein Stromversorgungsnetz kann ein Lichtbogenofen zu erheblichen Störungen für Lichtabnehmer oder besonders empfindliche Apparaturen innerhalb des betroffenen Netzes führen. Die Netzrückwirkungen eines Lichtbogenofens bestehen aus Spannungsschwankungen zwischen ein- und zehnmal je Sekunde von 2 bis herunter zu 0,1% der Nennspannung. Diese Spannungsänderungen haben bei normalen Glühlampen Lichtflimmern zur Folge, das das menschliche Auge als störend empfindet.

Im Elektrowärme-Institut Essen e.V. wurden Untersuchungen durchgeführt über die Entstehungsursache der störenden Rückwirkungen. Aus den Ergebnissen dieser Untersuchungen werden dann Schlüsse auf Maßnahmen zu ihrer Vermeidung getroffen.

Der Lichtbogen verändert, solange der eingesetzte Schrott noch nicht flüssig ist, dauernd seine Länge und damit seine elektrischen Größen. Die Veränderungen des Lichtbogens werden hervorgerufen durch unterschiedliche Ionisationsbedingungen, die wiederum eine Folge der Zusammensetzung des Schrottes sind, von in der Schmelzzone vorhandenen Spitzen des Schmelzgutes, die dem Lichtbogen bessere Brennbedingungen anbieten, und durch Auslenkung des Lichtbogens selbst durch die zeitweise starken Magnetfelder der benachbarten Phasen.

Um die Spannungsschwankungen von den Stromversorgungsnetzen fernzuhalten, soll, soweit es praktisch möglich ist, eine Vorwahl des Schrottes nach Größe und metallurgischer Zusammensetzung erfolgen. Beim Anschluß der Öfen an die öffentlichen Netze ist darauf zu achten, daß die Netzkurzschlußleistung an der Anschlußstelle 85mal so groß ist wie die Leistung des Ofentransformators. Das für das menschliche Auge störende Lichtflimmern liegt dann unterhalb der Bemerkbarkeitsgrenze.

Dr.-Ing. Horst Krabiell

V. Literaturverzeichnis

[1] SCHWABE, W. E., Untersuchungen über die Störanfälligkeit von Glühlampen durch den Betrieb von Lichtbogenöfen. Elektrowärme, 9. Jg. (1939), S. 127–129.

[2] GEBBERT, E., Netzbeeinflussung durch Lichtbogenöfen. Elektrizitätswirtschaft, Bd. 36 (1937), S. 504–509.

[3] HAUCK, P., Der Elektrostahlofen und seine theoretische und technische Anschlußmöglichkeit an Stromversorgungsnetze. Elektrizitätswirtschaft, Bd. 37 (1938), S. 411.

[4] WALTER, F., Netzstörungen durch Lichtbogenöfen. Elektrotechnik, Bd. 2 (1948), S. 217–220.

[5] SCHULZ, K., Spannungsschwankungen durch Lichtbogenöfen. Elektrizitätswirtschaft, Bd. 53 (1954), S. 103–105.

[6] SCHULZ, K., Erfahrungen der deutschen EVU über die Netzbeeinflussung durch Lichtbogenöfen (Auswertung einer Rundfrage der VDEW). Elektrizitätswirtschaft, 55. Jg. (1956), H. 9, S. 278–283.

[7] SCHWABE, W. E., Rückwirkungen von Lichtbogenstahlöfen auf Stromversorgungsnetze. Elektrizitätswirtschaft, 54. Jg. (1955), H. 26, S. 733–737.

[8] SCHWABE, W. E., Lighting Flicker caused by Electric Arc Furnaces. Iron and Steel Engineer, August 1958, S. 93–100.

[9] ROJAHN, Spannungsabfall-Koordinaten zur Untersuchung von Netzstörungen durch Lichtbogenöfen. ETZ, Bd. 61 (1940), S. 985.

[10] SCHWEIGER, F., Vorbestimmungen der Netzrückwirkungen von Lichtbogenöfen durch Rechnung und Messung. Elektrizitätswirtschaft, 55 Jg. (1956), H. 9, S. 284 bis 286.

[11] HENKES, H., Reihenkompensation von Lichtbogenöfen. Elektrizitätswirtschaft, 55. Jg. (1956), H. 9, S. 286–288.

[12] CONCORDIA, C., L. G. LEVAY und C. H. THOMAS, Selection of Buffer Reactors and Synchronous Condensers on Power Systems Supplying Arc-Furnace Loads. Electrical Engineering, July 1957, S. 123–125.

[13] AIEE Report, Guide for application of Arc Furnaces on Power Systems. Preliminary report. AIEE Comittee on System Engineering, Report L. P. 55–802, Oktober 8th, 1955.

[14] KRABIELL, H., Über die Entstehung der Spannungsschwankungen in Stromversorgungsnetzen beim Betrieb von Drehstrom-Lichtbogenöfen. Dissertation, TH Aachen (1961).

[15] MÜLLER, HAR., Zur Physik des Lichtbogens in Lichtbogenöfen. Elektrowärme, Bd. 20, Nr. 1, Januar 1962, S. 3–12.

[16] KRABIELL, H., Betrieb eines Versuchs-Lichtbogenofens mit und ohne vormagnetisierte Drosseln. Bericht 209 z. IV. Internationalen Elektrowärme-Kongreß, Stresa 1959.

[17] SCHWABE, W. E., und W. FISCHER, Meßtechnische Fragen bei der Untersuchung von Lichtbogenöfen. Elektrowärme, 9. Jg. (1939), H. 7, S. 146–156.

FORSCHUNGSBERICHTE DES LANDES NORDRHEIN-WESTFALEN

Herausgegeben im Auftrage des Ministerpräsidenten Dr. Franz Meyers
von Staatssekretär Prof. Dr. h. c. Dr.-Ing. E. h. Leo Brandt

ENERGIEWIRTSCHAFT

HEFT 572
Dipl.-Kfm. Dipl.-Volksw. Dr. J.-B. Felten, Köln
Wert und Bewertung ganzer Unternehmungen unter besonderer Berücksichtigung der Energiewirtschaft
1958. 144 Seiten. DM 33,60

HEFT 658
Dipl.-Kfm. Dr. Grupe, Köln
Public Relations in der öffentlichen Energieversorgung
1958. 48 Seiten. DM 12,25

HEFT 913
Prof. Dr.-Ing. Paul Denzel, Dipl.-Ing. Richard Laufen und Dipl.-Ing. Werner Heilmann, Institut für elektrische Anlagen und Energiewirtschaft der Rhein.-Westf. Technischen Hochschule Aachen
Verbesserung der Benutzungsdauer in ländlichen Ortsnetzen
1960. 68 Seiten, 25 Abb., 18 Tabellen. DM 20,50

HEFT 924
Dipl.-Ing Karl Otto Bosse, Gaswärme-Institut e. V., Essen-Steele
Der Einfluß der Art der Kohlenwasserstoffe in Stadt- und Ferngasen auf den Verbrennungsablauf in Gasgeräten
1960. 48 Seiten, 27 Abb., 13 Tabellen. DM 15,60

HEFT 1037
Prof. Dr. Ing. Fritz Schuster und Dipl.-Ing. Ivica Škunca, Gaswärme-Institut e. V., Essen-Steele
Der Einfluß der Art der Kohlenwasserstoffe in Stadt- und Ferngasen auf den Verbrennungsablauf in Gasgeräten. Über die Auswirkung der Zusammensetzung von Prüfgasen für Geräte des Haushalts auf deren Beurteilung
1961. 23 Seiten, 14 Tabellen. DM 9,10

HEFT 1064
Dr. Hans-Werner Oberlack und Dipl.-Kfm. Ernst Böke, Energiewirtschaftliches Institut an der Universität Köln, Direktor: Prof. Dr. Theodor Wessels
Energiepreisentwicklung und allgemeine Preisbewegung. Einzeldarstellung und vergleichende Untersuchung für Europa und die USA
1962. 268 Seiten, 91 Tabellen. DM 47,60

HEFT 1133
Prof. Dr.-Ing. Paul Denzel, Dipl.-Ing. Egon Reuter und Dipl.-Volksw. Hans Ernst, Institut für Elektrische Anlagen und Energiewirtschaft der Rhein.-Westf. Technischen Hochschule Aachen
Untersuchungen über den Verbundbetrieb mit der Schweiz
1962. 56 Seiten, 39 Abb. DM 26,80

HEFT 1155
Dr. Gundolf Schönauer, Energiewirtschaftliches Institut an der Universität Köln, Direktor Prof. Dr. Theodor Wessels
Marktprozesse in der öffentlichen Energiewirtschaft und deren volkswirtschaftliche Beurteilung
1963. 92 Seiten, 2 Abb., 3 Tabellen. DM 26,80

HEFT 1204
Dipl.-Ing. K. Rübel, Gaswärme-Institut e.V., Essen-Steele, Wissenschaftliche Leitung: Prof. Dr. Ing. Fritz Schuster
Einfluß der Art der Kohlenwasserstoffe in Stadt- und Ferngasen auf den Verbrennungsablauf in Gasgeräten. Temperaturabhängigkeit der Abhebeerscheinungen
1963. 27 Seiten, 14 Abb. DM 14,60

HEFT 1224

Dipl.-Volkswirt Uwe Jönck, Institut für Gesellschafts- und Wirtschaftswissenschaften der Universität Bonn, Leiter: Prof. Dr. W. Krelle

Die Entwicklung des Stromverbrauchs in der Bundesrepublik Deutschland bis zum Jahre 1970

In Vorbereitung

HEFT 1249

Prof. Dr.-Ing. Harald Müller, Dr.-Ing. Horst Krabiell, Elektrowärme-Institut Essen e. V., Essen

Untersuchungen beim Betrieb von elektrischen Lichtbogenöfen zur Verhinderung von störenden Rückwirkungen auf das öffentliche Netz

Verzeichnisse der Forschungsberichte aus folgenden Gebieten können beim Verlag angefordert werden: Acetylen/Schweißtechnik – Arbeitswissenschaft – Bau/Steine/Erden – Bergbau – Biologie – Chemie – Eisenverarbeitende Industrie – Elektrotechnik/Optik – Energiewirtschaft – Fahrzeugbau/Gasmotoren – Farbe/Papier/Photographie – Fertigung – Funktechnik/Astronomie – Gaswirtschaft – Holzbearbeitung – Hüttenwesen/Werkstoffkunde – Kunststoffe – Luftfahrt/Flugwissenschaften – Luftreinhaltung – Maschinenbau – Mathematik – Medizin/Pharmakologie/NE-Metalle – Physik – Rationalisierung – Schall/Ultraschall – Schiffahrt – Textiltechnik/Faserforschung/Wäschereiforschung – Turbinen – Verkehr – Wirtschaftswissenschaft.

WESTDEUTSCHER VERLAG · KÖLN UND OPLADEN

567 Opladen/Rhld., Ophovener Straße 1-3

GPSR Compliance
The European Union's (EU) General Product Safety Regulation (GPSR) is a set of rules that requires consumer products to be safe and our obligations to ensure this.

If you have any concerns about our products, you can contact us on

ProductSafety@springernature.com

In case Publisher is established outside the EU, the EU authorized representative is:

Springer Nature Customer Service Center GmbH
Europaplatz 3
69115 Heidelberg, Germany

www.ingramcontent.com/pod-product-compliance
Ingram Content Group UK Ltd.
Pitfield, Milton Keynes, MK11 3LW, UK
UKHW061700190726
13853UKWH00008B/2325

* 9 7 8 3 6 6 3 0 6 5 0 7 4 *